Daniel Lehermeier

Geographie der Bodenschätze und Lagerstätten - Erdöl, Ölschiefer, Ölsande, Erdgas

GRIN Verlag

Bibliografische Information der Deutschen Nationalbibliothek:

Die Deutsche Bibliothek verzeichnet diese Publikation in der Deutschen National-
bibliografie; detaillierte bibliografische Daten sind im Internet über http://dnb.d-
nb.de/ abrufbar.

Impressum:

Copyright © 2006 GRIN Verlag GmbH
Druck und Bindung: Books on Demand GmbH, Norderstedt Germany
ISBN: 978-3-656-35867-1

Dieses Buch bei GRIN:

http://www.grin.com/de/e-book/208322/geographie-der-bodenschaetze-und-
lagerstaetten-erdoel-oelschiefer-oelsande

Mathematisch-Geographische Fakultät der Katholischen Universität Eichstätt-
Ingolstadt

Hauptseminar „Geographie der Bodenschätze und Lagerstätten"

Thema der Hauptseminararbeit:

Erdöl, Ölschiefer/Ölsande, Erdgas

FACHBEREICH: Professur für Physische Geographie

SEMESTER: Sommersemester 2006

VERFASSER: Daniel Lehermeier (Lehramt Gymnasium: Englisch/Geographie)

ABGABEDATUM: 22. Mai 2006

1

INHALTSVERZEICHNIS

1. Einleitung

2. Erdöl und Erdgas: Überblick

   2.1 Begrifflichkeiten

   2.2 Konventionelles Erdöl und Gas

      2.2.1 Zusammensetzung

      2.2.2 Historisches

      2.2.3 Entstehung

      2.2.4 Strukturen und Lagerstätten

      2.2.5 Aufsuchen und Exploitation von Lagerstätten

   2.3 Unkonventionelles Erdöl - Ölsande, Ölschiefer

      2.3.1 Begriffserklärung und Entstehung

Die Ölsandlagerstätten Kanadas

3. Erdöl und Erdgas: begrenzt vorhandene Energieträger

      3.1 Regionale Verteilung

      3.2 Verbrauch

      3.3 Reichweite

4. Ausblick/Alternativen

Literaturverzeichnis

1. Einleitung

Energie stellt einen wichtigen Motor unserer Gesellschaft und Industrie dar und ihre Verfügbarkeit ist als eine essentielle Voraussetzung für das Funktionieren des öffentlichen Lebens zu sehen. In den letzten drei Jahrzehnten hat der Verbrauch an Energierohstoffen, der so genannte Primärenergieverbrauch, global um etwa 70% zugenommen, wobei besonders bei Erdöl und Erdgas ein besonders starker Zuwachs festzustellen war (vgl. BGR 2004). Angesichts des Energiehungers einer wachsenden Erdbevölkerung gehört die Suche und Gewinnung von Erdöl und Ergas zu den großen wissenschaftlichen und technischen Herausforderungen unserer Zeit. Nicht minder wichtig ist darüber hinaus aber auch die Forschung nach Alternativen, wenn man bedenkt, dass ein großer Teil des verfügbaren Erdöls und Erdgases schon verbraucht wurde und die Erschöpfung dieses Rohstoffes schon für Mitte des 21. Jahrhunderts prognostiziert wird.

2. Erdöl und Erdgas – ein Überblick

<u>Begrifflichkeiten</u>

Um Missverständnisse auf Grund unscharfer Verwendung von Fachbegriffen vorzubeugen, ist es zunächst wichtig, eine grundsätzliche Unterscheidung zwischen Ressourcen und Reserven zu treffen, welche nicht nur allein auf Erdöl, sondern auch auf Erdgas zutrifft. So versteht man unter den Reserven „diejenigen Mengen eines Energierohstoffes, die mit großer Genauigkeit erfasst wurden und mit den derzeitigen technischen Möglichkeiten wirtschaftlich gewonnen werden können", wohingegen Ressourcen „die nachgewiesenen, aber derzeit technisch und/oder wirtschaftlich nicht gewinnbaren sowie nicht nachgewiesenen, aber geologisch möglichen, künftig gewinnbaren Mengen" sind. (BGR 2004).

Erdöl Erdgas	Kumulierte Förderung	Reserven	Ressourcen	
		technisch und wirtschaftlich gewinnbar	nachgewiesen, derzeit technisch und/oder wirtschaftlich nicht gewinnbar	nicht nachgewiesen, geologisch möglich

verbleibendes Potenzial

Gesamtpotenzial, Estimated Ultimate Recovery (EUR)

Abb. 1: Abgrenzung der Begriffe Reserven und Ressourcen
Quelle: BGR 2004

Betrachtet man genauer, was hinter dem Oberbegriff Erdöl (Erdgas) steckt, so kommt man zur Unterteilung in konventionelles Erdöl (Erdgas) und unkonventionelles Erdöl (Erdgas). Als konventionelle Reserven bezeichnet man jene Vorkommen, die mit heutiger Technik in großem Maßstab wirtschaftlich nutzbar sind und die auf Grund ihrer geographisch günstigen Lage und ihrer geringen Viskosität verhältnismäßig einfach und rasch und folglich auch relativ kostengünstig aus Bohrlöchern gefördert werden können. In nichtkonventionellen Öllagerstätten ist das Erdöl zähflüssig oder fest im Gestein gebunden und lässt sich nur mit großem Aufwand, unter hohen Kosten und mit starken Belastungen für die Umwelt gewinnen. In diesem Zusammenhang sind vor allem Ölschiefer und Ölsande zu nennen, auf welche später nochmals gesondert eingegangen wird. Die Reserven an nicht-konventionellem Erdöl erreichen etwa 41 % der Reserven an konventionellem, die Ressourcen übersteigen die der konventionellen Erdöle um das Dreifache (nach BGR 2004). Unter nicht-konventionellem Erdgas verzeichnet man u.a. Kohleflözgas, Gas aus dichten Speichergesteinen, Aquifergas und Gashydrate.

<u>Konventionelles Erdöl und Erdgas</u>

Neben Erdgas, Kohle und Kernenergie ist Erdöl einer der wichtigsten Energieträger der Welt und deckt knapp 40% (vgl. Prof.Dr. F.Rößner, www.chemgapedia.de) des Weltenergieverbrauchs. Als einer der Hauptrohstoffe der modernen Industriegesellschaften bzw. postindustriellen Gesellschaften, der etwa zur Erzeugung von Treibstoffen und in der chemischen Industrie herangezogen wird, besitzt Erdöl eine herausragende Bedeutung. Erdgas ist der drittwichtigste Energieträger hinter Erdöl und Kohle und unter den nichterneuerbaren Energieträgern steigt dessen Verbrauch derzeit am stärksten.

Zusammensetzung

Erdöl und Erdgas sind eine Mischung aus einer großen Anzahl individueller chemischer Verbindungen.
Erdöl besteht zum größten Teil aus Kohlenwasserstoffen, mit geringen Gehalten von Schwefel-, Sauerstoff- und Stickstoffverbindungen. Die Kohlenwasserstoffe gliedern sich in die drei Hauptgruppen Alkane, Cycloparaffine und aromatische Verbindungen (vgl. Pohl 1982, S. 288). Insgesamt ist der natürlich vorkommende Rohstoff Erdöl durch eine hohe Zahl an verschiedenen Varianten gekennzeichnet. Einen Überblick über die Hauptbestandteile des Erdöls geben Abb. 2 und Tab. 1.

Tabelle 1: Charakteristische Elementeverteilung des Erdöls

Kohlenstoff	84 – 87%
Wasserstoff	11 – 14%
Schwefel	0,6 – 2,0%
Stickstoff	0,6 – 2,0%
Sauerstoff	0,6 – 2,0%

Quelle: Pohl 1982, S. 287

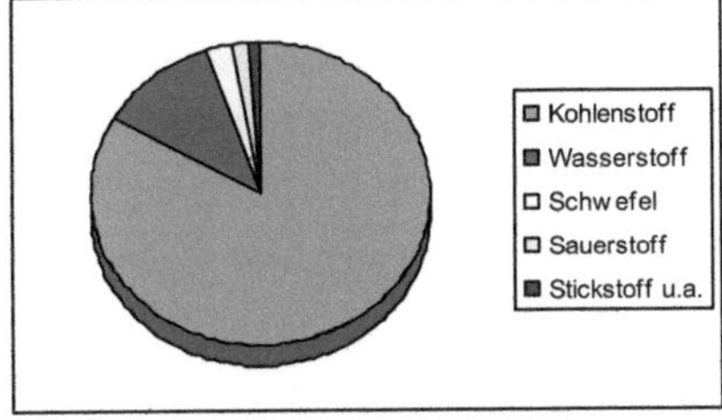

Abb. 2: Zusammensetzung des Erdöls

Quelle: eigene Grafik nach Pohl 1982, S. 287

Bei Erdgas handelt es sich um ein Gasgemisch, dessen Hauptbestandteil Methan ist. Daneben enthält Erdgas häufig auch größere Anteile höherer Kohlenwasserstoffe wie Ethan, Propan, Butan und Ethen. Ein weiterer Nebenbestandteil ist schließlich Schwefelwasserstoff, der durch Entschwefelung des Erdgases entfernt wird, sowie bis zu zehn Prozent Kohlendioxid.

Tabelle 2: Zusammensetzung des Erdgases

Methan	50 – 80%
Ethan	1 – 20%
Propan	0 – 12%
Butan	0 – 4%
C5-Alkane und höhere	0 – 1%
Kohlendioxid	1 – 10%
Schwefelwasserstoff	0 – 6%
Stickstoff	1 – 12%
Helium	0 – 7%

Quelle: www.chemie.uni-siegen.de/abteil/org/org1/vorlesung/kapitel3/sld005.htm

Historisches

Bereits Sumerer, Assyrer und Ägypter haben Erdöl systematisch gewonnen und zu Beleuchtungs-, Heil- und Konservierungszwecken, als Dichtemittel für Gefäße, Wasserleitungen und Schiffe sowie als Mörtel benutzt (Pflanzl 1990, S. 530).
Die eigentliche Ausbeutung der Erdöllagerstätten begann aber erst im 19. Jahrhundert. Grund dafür war zunächst die Suche nach einem guten Lampenbrennstoff als Ersatz für das bis dahin gebräuchlich Walöl oder die weit verbreiteten Talgkerzen.
In Deutschland leitete Prof. Georg C. K. Hunaeus im Frühjahr 1859 bei Celle (Wietze) die erste erfolgreiche Erdölbohrung. Am 27. August 1859 erbohrte Colonel Drake in Pennsylvania die erste größere Ölquelle (Prof.Dr. F.Rößner, www.chemgapedia.de). Ab diesem Zeitpunkt begann in allen Gebieten, in denen Erdöl vermutet wurde, eine rege Bohrtätig-

keit. Somit stieg die Erdölgewinnung stark an. Die Erfindung der Erdöldestillation und damit der Aufspaltung des Rohstoffs führte zu einer verstärkten Nutzung des Erdöls als Kraftstoff, Heizöl, Schmieröl und als chemischer Grundstoff.

Erdgas erlangte erst im letzten Drittel des 20. Jahrhunderts größere Bedeutung.

Entstehung

Die Entstehung der ältesten Erdöle und Erdgase begann schon vor rund 2 Mrd. Jahren, die Bildung der meisten Erdöl- und Erdgasquellen setzte vor etwa 100 bis 200 Millionen Jahren (Jura- und Kreidezeit) ein. Erdöl und Erdgas entstehen auf sehr ähnlich Weise. Ausgangspunkt sind im Wasser lebende pflanzlich und tierische Lebewesen, wobei nicht zuletzt einzellige Algen eine große Rolle spielen. Diese sinken auf den Boden ab und werden von ebenfalls absinkenden tonig-sandigen Sedimenten bedeckt, so dass eine aerobe Zersetzung nicht mehr möglich ist. Das kann in Meeresbecken – v.a. bezogen auf Erdgas – geschehen, aber auch vor Flachküsten, in Lagunen oder Binnenseen (Barsch 1996, S. 65). Besonders gute Voraussetzungen für die Sedimentation finden sich in flachen Küstengewässern bei mittleren Strömungsgeschwindigkeiten.

Die Reste organischen Materials bilden zusammen mit den Gesteinsresten den so genannten Faulschlamm. Die Umwandlung des organischen Materials im Sediment zu Muttergestein ist in drei Phasen unterteilt, die Diagenese, die Katagenese und die Metagenese bzw. Metamorphose. (vgl. Pohl 1982, S. 293/294). Die Diagenese (Druckverfestigung) der organischen Substanzen ist im Wesentlichen ein biochemischer Vorgang, wobei eine aerobe bakterielle Gärung stattfindet und u.a. Kerogen erzeugt wird. Kerogen ist ein Gemisch von organischen Verbindungen, das Fette, Wachse und Öle mit erhöhtem Wasserstoffanteil enthält (Barsch 1996, S. 66). In dem Maße, in dem die kerogenhaltigen Schichten von weiteren Sedimenten überlagert werden, geraten sie in größere Tiefen und werden dadurch steigenden Temperaturen ausgesetzt. Bei erhöhter Temperatur und unter hohem Druck beginnt die Katagenese des Kerogens, aus welchem nun in einem geochemischen Vorgang zunehmend Erdöl und Erdgas (Metamorphose) abgegeben werden. Bei etwa 50°C beginnt die Abspaltung von Erdöl, dessen Bildung bei über 120°C von Erdgas abgelöst wird (Pflanzl 1990, S. 531). Zunächst befindet sich das entstandene Erdöl bzw. Erdgas in den Porenräumen des Muttergesteins, tritt dann aber aus diesem in das Porensystem der darüber liegenden Schichten und steigt in diesem aufwärts, da Öl bzw. Gas leichter als Wasser sind. Diesen Vorgang nennt man Migration.

Wo sich auf dem Weg zur Oberfläche undurchlässige Schichten in den Weg stellen, können sich unter diesen Öl und Gas ansammeln, vor allem dort, wo unter den undurchlässigen hochporöse Schichten liegen, so genannte Speichergesteine. Das Speichergestein für

Erdgas oder Erdöl stellen porenreiche Sedimente dar wie Sand und Sandstein, Kalk und Dolomit (Barsch 1996, S. 65).

Strukturen und Lagerstätten

Der geologische Fachbegriff für solche Ansammlungen lautet Strukturen oder Fallen, der Begriff Lagerstätten wird dann verwendet, wenn diese mit wirtschaftlich gewinnbaren Mengen von Öl oder Gas gefüllt sind.
Strukturen bzw. Lagerstätten entstehen u.a. im Verlauf der Gebirgsbildung, bei der riesige Gesteinsschichten auseinander gerissen, gefaltet und gehoben und dabei Aufwölbungen im Untergrund, die so genannten Antiklinalen, gebildet werden. Weiterhin können sie durch Verwerfungen infolge bruchartigen Verschiebungen starrer Gesteinsschollen, durch Salzstockbildungen oder Sedimentation von Sandlinsen in tonigen Gesteinen entstehen. Auch Korallenriffe können gute Fallen bilden, da sie oft von speicherfähigen Hohlräumen durchzogen werden.
Im Gesamten unterscheidet man somit also zwischen zwei Haupttypen, den strukturellen Fallen, bei denen die weitere Wanderung von Erdöl und Erdgas durch die Art und Weise der Schichtlagerung unmöglich gemacht wird, und den lithologischen Fallen, die sich in besonders porenreichen Sedimenten bilden. Die strukturellen Fallen können wesentlich größere Flächen als die lithologischen einnehmen (vgl. Barsch 1996, S. 66). Wichtige Lagerstättentypen zeigt Abb. 3.

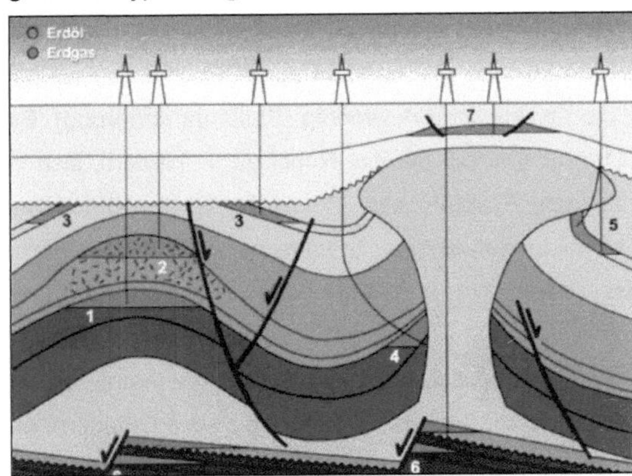

Abb. 3: Die wichtigsten Lagerstättentypen
Quelle: http://www.erdoel-erdgas.de/

Sind sowohl Öl als auch Gas in einer Lagerstätte vorhanden, dann liegt das Gas wegen seines geringeren Gewichtes mit horizontaler Trennfläche auf dem Öl (vgl. Pflanzl 1990, S. 531). Die meisten Erdöllagerstätten (etwa 80 % weltweit) sind vom antiklinalen oder vom Salzstock-Dach-Typ und liegen heute in Tiefen von ca. 1000-2000 Metern. (Prof.Dr. F.Rößner, www.chemgapedia.de), viele Erdgasvorkommen sind an ehemalige marine Sedimentationsdecken gebunden.

Aufsuchen und Exploitation von Lagerstätten

Seismische Methoden sind, seit sie Ludger Mintrop 1919 erstmals vortrug, unentbehrlich geworden (Rühl 1989, S. 41). Damit werden in erster Linie die höffigsten, d.h. erfolgversprechendsten, Gebiete erfasst. Dies sind, wie in 3.1 näher erläutert wird, die alten Tafeln sowie deren angrenzende Tafelrandbecken und Vorgebirgssenken, die jungen Tafeln mit ihren angrenzenden Vorgebirgssenken und nach neueren Forschungen auch der Untergrund mächtiger vulkanischer Decken wie in Brasilien, Indien oder Australien (Barsch 1996, S. 94).

Der gewinnbare Anteil des in einer Lagerstätte vorhandenen Öls hängt hauptsächlich von der Beschaffenheit des Porenraumes und den Fließeigenschaften des Öls ab und schwankt zwischen etwa fünf und 50%. Bei der Förderung des Rohöls gibt es verschiedene Ausbeutungsphasen. Bei der Primärförderung fließt das Erdöl aufgrund des Lagerstättendruckes selbständig eruptiv an die Erdoberfläche. Mit nachlassendem Druck werden Tiefpumpen oder Hochdruckkreiselpumpen in das Bohrloch abgelassen. Wenn der Lagerstättendruck zu stark abgenommen hat, sind Maßnahmen zur Aufrechterhaltung des Drucks wie das Wasserfluten oder die Gasinjektion notwendig (Sekundärförderung). Bei der Tertiärförderung wird auf die Kräfte eingewirkt, die das Rohöl daran hindern, sich im Porenraum zu bewegen, um eine bessere Fließfähigkeit (Viskosität) zu erreichen. Dies geschieht beispielsweise durch sehr kostenaufwendige, thermische Verfahren, wie das Einpressen von heißem Wasser oder Wasserdampf (vgl. Prof.Dr. F.Rößner, www.chemgapedia.de).

Neben den On-Shore-Ölfeldern (landseitige Förderung) bewirkte die Weiterentwicklung der Fördertechnologien die Erschließung von Off-Shore-Ölfeldern, d.h. von Ölfeldern, die sich unter Gewässern/Meeren befinden. Ein Beispiel für diese Förderung, die besondere Schwierigkeiten bereitet, ist die Gewinnung von Öl im Bereich der Nordsee.

Unkonventionelles Erdöl – Ölsande, Ölschiefer

Die Abgrenzung von unkonventionellem und konventionellem Erdöl ist nicht immer eindeutig, da mit dem Begriff „unkonventionell" sehr unterschiedliche Quellen zusammenge-
fasst werden, z.B. Ölschiefer, Ölsande und Flüssiggas. Allen Definitionen ist jedoch ge-
mein, dass sich die Ölgewinnung aus diesen Quellen immer noch als relativ kostspielig
und schwierig darstellt und hohe Belastungen für die Umwelt bedeutet.
(de.wikipedia.org/wiki/Ölressource).

Begriffserklärung und Entstehung

Unter Ölsanden versteht man Sande, die mit viskosen, bituminösen Kohlenwasserstoffen
gesättigt sind. Jedes einzelne Sandkorn ist entweder unmittelbar von Bitumen umhüllt,
oder aber das Bitumen haftet auf einem Wasserfilm, der das Sandkorn umgibt. Nur im
zweiten Fall ist das Problem der Trennung von Bitumen und Sand technisch zufrieden-
stellend gelöst, so dass sich die Möglichkeit einer Nutzung zur Zeit auf solche Vorkommen
beschränkt. Da ein Transport wegen seiner hohen Viskosität in Pipelines nicht möglich ist,
müssen zumindest die ersten Stufen der Weiterverarbeitung an Ort und Stelle erfolgen
(Schröder 1989, S. 45).
Der Begriff Ölschiefer ist sowohl aus geologischer als auch aus technischer Sicht irrefüh-
rend, weil er weder Öl enthält noch ein Schiefergestein ist. Die als Ölschiefer bezeichne-
ten Gesteine sind tonige oder kalkige Gesteine, die reich an so genanntem organischem
Kohlenstoff sind und manchmal in der Tat schiefrig aufblättern. Die korrekte Bezeichnung
für die meisten Ölschiefer ist "Kalkmergel" oder "Mergelkalk". Der organische Kohlenstoff
kann auf Meeres- sowie Süßwasseralgen, aber auch andere Kleinstlebewesen (soge-
nannte planktonische Organismen) und Bakterien zurückgeführt werden. Die Biomasse
besteht aus Eiweiß, Kohlehydrat und Fett. Ölschiefer enthält also kein Öl, sondern den
Vorläufer des Erdöls, das Kerogen.
Ein Ölschiefer-Sediment wird in geologischen Zeiträumen von Hunderttausenden bis Millionen von Jahren langsam von anderen Sedimentschichten überdeckt und dabei selbst
langsam in ein festes Gestein umgewandelt. Er gelangt durch diesen Vorgang der Ver-
senkung in immer größere Tiefen unter dem Meeresboden. Mit zunehmender Tiefe steigen die Temperatur und Druck an. Als Richtwert für den Temperaturanstieg kann man
etwa 30 Grad Celsius Temperaturzunahme pro Kilometer Tiefe angeben. Es ist im Wesentlichen das Produkt aus Temperatur und Zeit, das letztendlich Erdöl aus Ölschiefer
bildet. Es ist nicht der zunehmende Druck, der Öl austreibt, sondern eine Reihe von tem-
peraturgesteuerten, chemischen Umwandlungsprozessen, die aus dem Kerogen Erdöl

bilden. Normalerweise dauert es Hunderttausende bis Millionen von Jahren, bis sich aus Ölschiefer Erdöl oder auch Erdgas bildet (Blendinger).

Die Ölsandlagerstätten Kanadas

Kanada und die USA verfügen über riesige Ölmengen, die traditionell als unkonventionelles Erdöl bezeichnet werden. Im Falle Kanadas befinden sich diese zumeist in Sanden, in den USA sind sie in Schiefern enthalten. Nach Ansicht des US Department of Energy könnten diese Mengen eine Brücke zwischen der Gegenwart und der Zukunft bilden, bis neue Energieressourcen erschlossen und neue Technologien entwickelt sind, die unser gegenwärtiges Energiesystem ersetzen können.
(http://www.esyoil.com/s11_Mit_AM_and_Puff_an_Kanadas_Oelsande.php).
Kanada hat gegenüber den USA den Vorteil, dass sich das Öl aus den Sanden leichter fördern lässt als jenes aus dem Schiefergestein. Die Ölsandvorkommen in der kanadischen Provinz Alberta, die bereits massiv um ausländische Investoren wirbt, sind ein Gemisch aus Sand, Ton und Bitumen, einem asphaltartigem, zähflüssigem Kohlenwasserstoff. Nach Angaben des kanadischen National Energy Board gehören die Ölsande zu den größten bekannten Öllagerstätten der Welt. Sie enthalten mehr als 24 Mrd. t Öl und machen Kanada hinter Saudi-Arabien zum zweitölreichsten Land der Erde (ERDÖL-/ENERGIE-INFORMATIONSDIENST Nr. 17/05 vom 25. April 2005 Seite 6).
Der größte Teil der kanadischen Produktion stammt dabei aus den vier Lagerstätten Albertas, wobei die Öllagerstätten am Athabasca die reichhaltigsten sind. Schröder prognostiziert im Jahr 1986 einen möglichen Gewinn von 6Mrd. m³ synthetischen Rohöls. Jedoch könnte, wenn sich andere Abbau- und Aufbereitungstechniken bewähren, die Fördermenge auf das Fünf- bis Elffache steigen (Schröder 1989, S. 44).
Bei der Herstellung von einer Tonne synthetischem Rohöl müssen jedoch große Mengen Ölsand - etwa 14-16 Tonnen – abgebaut werden. Da sich aber durch das bisher praktizierte Tagebauverfahren nur die oberflächennahen Ölsande abbauen lassen, können insgesamt nur etwa 40 Mrd. Barrel Bitumen auf diese Weise gewonnen werden, aus denen sich etwa 30 Mrd. Barrel Rohöl herstellen lassen. Um tiefer lagernde Ölsande nutzen zu können, wird seit einiger Zeit das sog. in-situ-Verfahren erprobt. Dabei wird da Bitumen in der Tiefe vom Sand getrennt, fließfähig gemacht und über Pumpen zu Tage gefördert (Schröder 1989, 48).
Diese Erschließung der Ölsande erschien jedoch vor allem während der 70er Jahre, als die Preise für Erdöl auf dem Weltmarkt stiegen, sehr lohnend. Während der 80er Jahre war jedoch der Ölpreis wieder drastisch gesunken, so dass die Rentabilität bei kurzfristiger Betrachtung in Frage gestellt wurde. Neuere Prognosen gehen davon aus, dass Ka-

nada bis zum Jahr 2020 drei Millionen Barrel pro Tag aus Teersanden gewinnen will, was im Vergleich zur gegenwärtigen Förderung an konventionellem Erdöl aber eher gering erscheinen mag.

3. Erdöl und Erdgas – begrenzt vorhandene Energieträger

<u>Regionale Verteilung</u>

Zunächst ist zu beantworten, in welchen Regionen der Erde die zur Entstehung von Erdöl und Erdgas notwendigen geologischen Einzelvorgänge in der genau definierten zeitlichen und räumlichen Folge abliefen und heute bedeutende Erdöl- bzw. Erdgaslagerstätten zu finden sind.

So befinden sich die bedeutendsten strukturellen Erdöl- und Erdgasfallen in den weiträumigen Antiklinalen der alten Tafeln, etwa der Arabischen, Russischen, Ostsibirischen, Nordamerikanischen und Nordafrikanischen Tafel. Da sich diese Antiklinalen vom Kontinent meist bis hinaus in die Schelfgebiete erstrecken, ist ihr Einzugsgebiet entsprechend groß und folglich sind auch die Vorräte an Erdöl und Erdgas sehr hoch.

In Einzelfällen, bei jungen, stärker durch Brüche beeinträchtigten Tafeln – wie auf der Westeuropäischen Tafel im Nordseebecken – oder in Bereichen außerhalb oder am Rande der Tafelgebiete konnten sich größere Lagerstätten ausbilden. So befinden sich etwa bedeutende Abbaugebiete in den Vorsenken (Galizien, Iran-Irak, Nordkaukasus) und Innensenken (Kalifornien, Baku, Maracaibo) der alpidischen Faltengebirge.

Erdöl und Erdgas treten also sowohl über alten Plattformen als auch in jungen Faltengebirgen auf, was darauf hinweist, dass sie sich in unterschiedlichen Epochen gebildet haben und in verschieden alte Gesteinskomplexe eingewandert sind. Der größte Teil der Weltvorräte an Erdöl und Erdgas ist dabei in den Sedimenten des Mesozoikums gespeichert. Insgesamt ist festzustellen, dass die Tafeln und die ihnen vorgelagerten Schelfe die Gebiete bleiben, auf die sich die weitere Erkundung von Erdöl- und Erdgaslagerstätten konzentriert (vgl. Barsch 1996, S. 66/67). Einen Überblick über die mögliche geologische Lage von Erdöl- bzw. Erdgaslagerstätten bzw. Kohlenwasserstofflagerstätten im Allgemeinen gibt Abb. 4.

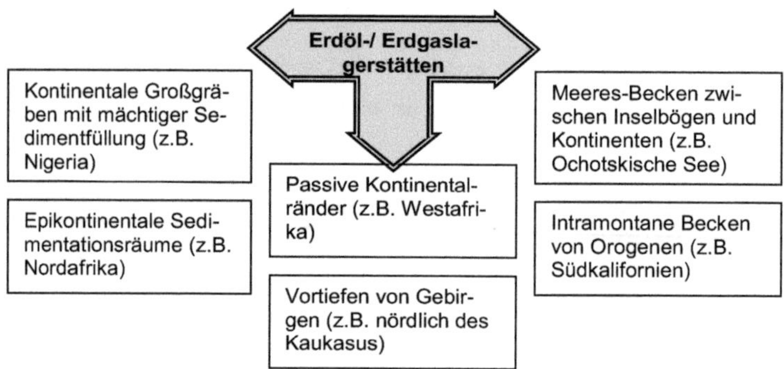

Abb. 4: Geologische Lage von Erdöl-/Erdgaslagerstätten

Quelle: eigene Grafik nach Pohl 1982, S. 314

Interessant ist nun ein Vergleich zwischen den geologischen Gegebenheiten und den aktuellen Hauptfördergebieten von Erdöl- und Erdgas.

Dabei soll in der Überblicksbetrachtung zunächst von Gesamtpotenzial, d.h. der Summe aller Jahresförderungen seit Förderbeginn (= kumulierte Förderung, vgl. dazu auch Abb. 1, S. 1) addiert zu den Reserven und den Ressourcen, ausgegangen werden.

So nimmt das BGR (Daten vgl. BGR 2004) für das Jahr 2004 ein Gesamtpotenzial an konventionellem Erdöl in Höhe von ca. 381 GT an. Wie Abb. 5 zeigt, verfügt der Nahe Osten (Gebiet des Persischen Golfs) bei weitem über das größte Gesamtpotenzial, danach folgen Nordamerika und die GUS. Detaillierter angegeben bezieht sich die geographische Bezeichnung Naher Osten v.a. auf den Persischen Golf, Nordamerika auf die Zentren Golfgebiet, Kalifornien, Alaska und GUS auf die Zentren Westsibirien und das Wolga-Ural-Gebiet. Weitere (Sub-)Zentren bilden darüber hinaus der Karibikraum, insbesondere Venezuela und Mexiko, die Nordsee-Region mit den Hauptförderländern Großbritannien und Norwegen, Nordwestafrika, v.a. Algerien und Libyen, Südostasien mit Indonesien, Malaysia und Brunei, Westafrika, besonders Nigeria und Gabun sowie China (vgl. Barsch 1996, S. 96).

Deutlich erkennbar wird jedoch, dass der Anteil des bereits geförderten Erdöls am Gesamtpotenzial in den einzelnen Regionen sehr unterschiedlich ist, wobei in Nordamerika fast zwei Drittel des erwarteten Gesamtpotenzials gefördert sind, während in der GUS dieser Anteil bei gut einem Drittel und im Nahen Osten nur bei einem knappen Viertel liegt. Die Vormachtstellung des Nahen Ostens bei den Kohlenwasserstoffen ist bedingt durch die dortigen Sedimentationsbecken mit günstigen Voraussetzungen zur Bildung und insbesondere Konservierung von Erdöl und Erdgas (BGR 2004).

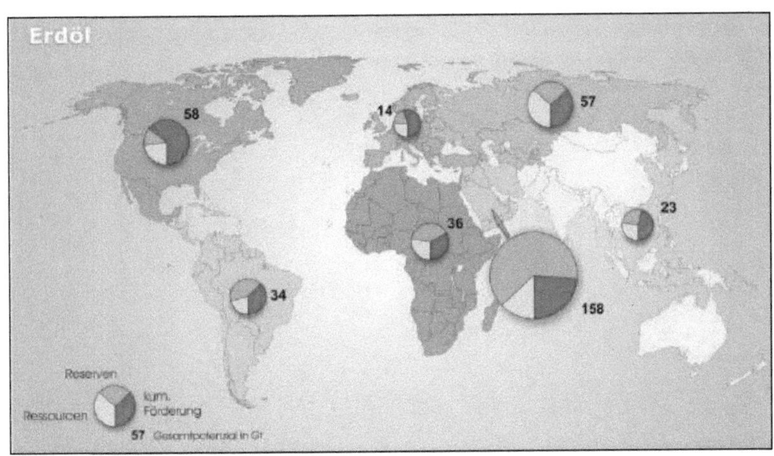

Abb. 5: Das Gesamtpotenzial an konventionellem Erdöl 2004, differenziert nach Regionen

Quelle: BGR 2004

Für konventionelles Erdgas schätzt das BGR 2004 das weltweite Gesamtpotenzial auf ca. 461 T.m³, was umgerechnet etwa 349 Gtoe (= GT bezogen auf Erdöl) entspricht und somit etwas geringer als das Gesamtpotenzial an konventionellem Erdöl ist.

Wie aus Abb. 6 ersichtlich wird, verfügt die GUS, insbesondere Russland, über das größte Potenzial an Erdgas. So ist es nicht verwunderlich, dass in den letzten Wochen und Monaten vielfach Russlands mächtige Rolle als wichtiger Erdgaslieferant u.a. Europas thematisiert wurde. Daneben weisen der Nahe Osten und Nordamerika ein hohes Ergaspotenzial auf, wobei jedoch die aktuelle und v.a. zukünftige Bedeutung Nordamerikas dahingehend zu relativieren ist, als bereits fast die Hälfte des gesamten Erdgases gefördert ist (vgl. BGR 2004).

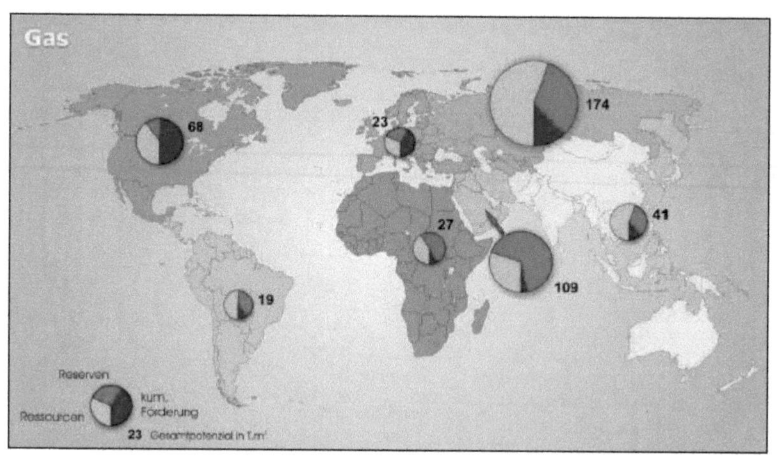

Abb. 6: Das Gesamtpotenzial an konventionellem Erdgas 2004, differenziert nach Regionen

Quelle: BGR 2004

Zusammenfassend sei auf Abb. 7 verwiesen, welche nochmals die herausragende Stellung des Nahen Ostens, aber auch die Bedeutung des Raums Westsibirien/ Kasachstan hinsichtlich der globalen Erdöl- und Erdgasversorgung unterstreicht. Dies begründet die Bezeichnung dieses Raumes als „strategische Ellipse".

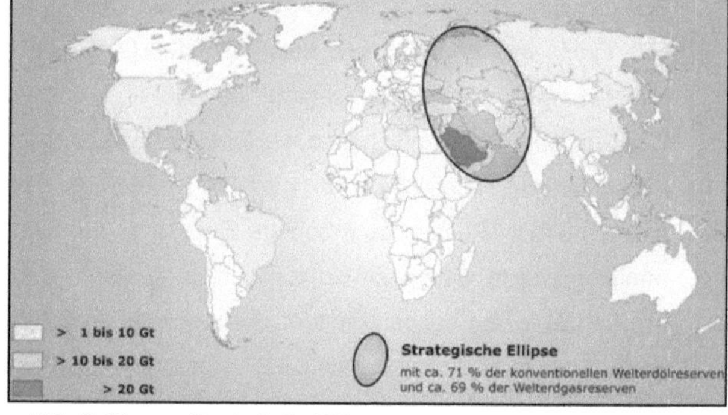

Abb. 7: Die sog. Strategische Ellipse

Quelle: Kehrer 2000

Tab. 3, welche die regionale Verteilung sowohl der Reserven als auch der Ressourcen an konventionellem und unkonventionellem Erdöl und Erdgas im Jahr 2004, ausgedrückt in EJ, illustriert, offeriert bemerkenswerte Erkenntnisse hinsichtlich des Verhältnisses zwischen unkonventionellem und konventionellem Erdöl bzw. Erdgas. So dominiert weltweit bei den Reserven das konventionelle, d.h. mit technischen und wirtschaftlichen Mitteln gewinnbare, Erdöl, wobei die größten Reserven bei weitem der Nahe Osten aufweist. Einen geringern Anteil bei den Reserven hat das unkonventionelle Erdöl, wobei hier vor allem Nordamerika, insbesondere Kanada, eine wichtige Rolle spielt. Das quantitative Verhältnis konventionelles – unkonventionelles Erdöl kehrt sich um bei Betrachtung der Ressourcen um. Die Ressourcen an unkonventionellem Erdöl sind etwas dreimal höher als an konventionellem Erdöl, wobei bei ersterem wieder die wichtige Stellung Nordamerikas,

14

gefolgt von Lateinamerika und den GUS zutage tritt. Dabei darf jedoch nicht außer Acht gelassen werden, dass der Großteil der Ressourcen, ca. 80 %, auf Ölschiefer entfällt, deren wirtschaftliche Nutzung wie bereits angesprochen sich wegen der vergleichsweise hohen Kosten und anstehender Umweltprobleme problematisch gestaltet (vgl. BGR 2004). Interessant ist zudem, dass bei den Ressourcen an konventionellem Erdöl nicht, wie vielleicht erwartet, der Nahe Osten die Spitzenposition inne hat, sondern die GUS, was auf bedeutende Funde in Westsibirien (vgl. Rühl 1989, S. 111) und Kasachstan zurück geht.

Bezogen auf die Erdgasreserven fällt die extreme Diskrepanz zwischen konventionellen und unkonventionellen Reserven, die nur eine äußerst marginale Position einnehmen, ins Auge. Wie beim konventionellen Erdöl dominiert auch beim konventionellen Erdgas im Bereich der Reserven eindeutig der Nahe Osten, in einigem Abstand gefolgt von der GUS. Bei den Ressourcen ergibt sich, allerdings unter anderen Vorzeichen, ebenfalls ein klares Bild: hier nimmt zum einen beim konventionellen Erdgas die GUS an Stelle des Nahen Ostens die Spitzenposition ein, zum anderen überwiegt bei den Ressourcen das unkonventionelle Erdgas gegenüber dem konventionellen.

Tabelle 3: Regionale Verteilung der Reserven und der Ressourcen an konventionellem und unkonventionellem Erdöl und Erdgas (2004)

Reserven					Ressourcen				
Region	Erdöl		Erdgas		Region	Erdöl		Erdgas	
	konven-tionell	nicht-konven-tionell	konven-tionell	nicht-konven-tionell		konven-tionell	nicht-konven-tionell	konven-tionell	nicht-konven-tionell
Europa	115	42	194	6	Europa	152	84	226	1.869
GUS	634	397	1.789	3	GUS	881	1.255	3.045	6.073
Afrika	612	21	447		Afrika	413	251	355	2.764
Naher Osten	4.183	418	2.294		Naher Osten	857	502	1.032	3.649
Austral-Asien	252	126	410	3	Austral-Asien	267	962	719	8.012
Nordamerika	293	1.297	234	48	Nordamerika	560	5.523	865	5.851
Lateinamerika	586	460	225		Lateinamerika	300	1.883	312	4.560
WELT	6.674	2.761	5.593	60	WELT	3.430	10.460	6.555	32.779[1]
OECD	419	1.736	502	53	OECD	746	5.858	1.146	10.059
EU-25	55	13	110	3	EU-25	66	42	106	1.174
OPEC	5.073	837	2.799	3	OPEC	1.141	2.092	1.350	5.521

Quelle: BGR 2004

[1] ohne Gashydrate (15.866 EJ), da regionale Aufteilung nicht möglich

<u>Verbrauch</u>

Die Großlagerstätten an Erdöl und Erdgas auf der Erde liegen in Bereichen, die nicht mit den Regionen größten Verbrauchs identisch sind. Diese Situation stellt weniger auf der Ebene des Transports – hier sei an Pipelines und Großtanker gedacht -, sondern vielmehr in wirtschaftlich-politischer Hinsicht ein Spannungsfeld dar.

Obwohl ihr weltweiter Bevölkerungsanteil fast 80% beträgt, entfallen auf die Entwicklungs- und Schwellenländer nur etwa ein Drittel des globalen Erdölverbrauchs und nur 13% des Erdgasverbrauchs. Demgegenüber verbrauchen die OECD-Länder mit einem Bevölkerungsanteil von lediglich 17 % etwa 60 % des Erdöls und die Hälfte des Erdgases (vgl. BGR 2004). Noch detaillierter zeigt dies Tab. 4. Es wird also ein deutliches Ungleichgewicht im Verbrauch zwischen einzelnen Regionen deutlich. Bedenkt man, dass Erdöl und Erdgas endliche Energieträger sind, stellt sich angesichts eines konstant hohen Verbrauchs der (post)industriellen Gesellschaften und angesichts der wachsenden Bedeutung von aufstrebenden Ländern wie Indien oder China zwingenderweise die Frage nach der Reichweite der genannten Rohstoffe.

Tabelle 4: Verbrauch an Erdöl und Erdgas (2004): Regionale Verteilung [EJ]

Region	Erdöl	Erdgas
Europa	32,0	17,6
GUS	7,4	19,6
Afrika	5,7	2,8
Naher Osten	10,8	7,8
Austral-Asien	46,0	11,6
Nordamerika	46,9	24,9
Lateinamerika	9,6	3,7
WELT	**158,4**	**88,0**
OECD	94,2	45,6
EU-25	28,6	16,5
OPEC	13,6	10,0

Quelle: BGR 2004

<u>Reichweite</u>

Auch mit zunehmender Konkurrenz des Erdgases ist Erdöl nach wie vor der wichtigste Energieträger der Weltwirtschaft. Diese beiden fossilen Rohstoffe, Erdöl und Erdgas, bilden eine wichtige Basis für den Wohlstand in Industrie- und Schwellenländern und ihre Verfügbarkeit stellt zudem ein wichtiges Potenzial an Macht und Einfluss dar.
Dennoch scheint die Diskussion um die langfristige Verfügbarkeit von Erdöl kein sehr populäres Thema zu sein und so wird beispielsweise in den Medien zwar der hohe Benzinpreis diskutiert, doch ausgehend von der aktuellen Problematik wird kaum weiter in die Zukunft gedacht und grundsätzlich die Endlichkeit des Rohstoffs Erdöl ins Bewusstsein gerufen.

Nichtsdestotrotz wird von verschiedener Seite Stellung zu diesem Thema bezogen, wobei sich im Groben zwei bzw. drei Hauptströmungen unterscheiden lassen.

Die so genannten Optimisten, zu denen vor allem Politiker, Wirtschaftler bzw. Wirtschaftsverbände sowie die Ölwirtschaft gehören, erkennen zwar eine Begrenztheit der Rohstoff-Ressourcen an, halten aber dagegen, dass das verbleibende Potenzial der Ressourcen immens sei und die Kreativität und Intelligenz der Menschheit dieses Potential zukünftig nutzbar machen könnte (vgl. Kehrer 2000).

Um diese Position zu illustrieren, seien an dieser Stelle einige Auszüge aus einem Interview mit Christof Rühl, dem stellvertretenden Chef-Ökonom der BP plc, zitiert (www.deutschebp.de/sectiongenericarticle.do?categoryId=9005587&contentId=7011246). So spricht Herr Rühl von einer „fiktiven Knappheit der Ressource Öl" und plädiert dafür, sich das weltweite Angebot des Rohstoffes Öl als eine „normale, steigende Angebotskurve" vorstellen. Er begründet dies damit, dass „immer wieder Neuvorkommen in Bereichen die zuvor unzugänglich waren, wie z.B. in extrem kalten Regionen oder in von der Meeresoberfläche bedeckten Teilen der Erde [entdeckt werden]" und die Effizienz der Förderung bereits bestehender Felder immens steige. Mit Verweis etwa auf unkonventionelle Quelle wie etwa Ölsande in Kanada vertritt Herr Rühl die Überzeugung, dass mehr Öl auf den Markt kommen werde, „solange die Menschheit bereit ist, einen höheren Preis zu bezahlen." Auch in einer Studie der IEA (International Energy Agency) heißt es, dass „das Schlüsselproblem der Branche wahrlich nicht die Grenze der geologischen Ressourcen" sei (DIE ZEIT 20.04.2006 Nr.17).

Gänzlich anders hingegen präsentiert sich die Sichtweise einer von eben genannten Vertretern als Pessimisten betitelten Gruppe, die sich selbst jedoch als Realisten bezeichnet. Diese Gruppe betont die Begrenztheit des Erdöls und rät dringend dazu, nach Alternativen zu suchen, da Erdöl nur mehr wenige Jahrzehnte verfügbar sein werde. Hierzu zählen vor allem Geowissenschaftler wie Erdölgeologen und Explorations-Geophysiker sowie Lagerstätten-Ingenieure, deren Thesen „wegen geringer Popularität weitgehend nicht beachtet [werden], obwohl ihre Schlussfolgerungen hierzu von enormer Bedeutung sind" (Kehrer 2000). Auch die Thesen des Club of Rome gehen in diese Richtung. Deutschlands einziger Professor für Erdölgeologie, Professor Wolfgang Blendinger von der TU Clausthal-Zellerfeld, zählt, ebenso wie eine wachsende Gruppe von Erdölgeologen, die sich zur Association for the Study of Peak Oil (Peak Oil bezeichnet den Zeitpunkt, ab dem die Gesamtförderung mehrerer Ölfelder - regional wie global - ihr Maximum erreicht) zusammengeschlossen haben, zu Vertretern dieser Position. Ein weiterer Verfechter dieser Theorie ist auch der Erdölgeologe C.J. Campbell, welcher die Ansicht vertritt, dass „alle Kohlenwasserstoffe zusammengenommen das Maximum ihrer Förderrate um das Jahr

2010 erreichen werden". Er gibt zu bedenken, dass wir heute 22 Gb pro Jahr, aber nur 6 Gb pro Jahr finden, was bedeutet, dass wir für jede der vier Barrel, die wir heute konsumieren, nur noch ein Barrel neu finden (vgl. Campbell 2000).

Durch Untersuchungen der amerikanischen Ölförderung konnte der US-Ölgeologe Marion King Hubbert in den 1950er Jahren zeigen, dass die Gesamtförderung mehrerer Quellen dem Verlauf einer Gaußschen Glockenkurve folgt. Da die Daten zur Ausbeutung amerikanischer Ölfelder sehr genau aufgezeichnet wurden und öffentlich bekannt waren, konnte Hubbert durch ihre Auswertung bereits 1956 den US-amerikanischen Fördergipfel auf das Jahr 1971 datieren und behielt dabei auch Recht. Das Modell der Hubbert-Kurve zeigt Abb. 8.

Abb. 8 **Gesamtpotential konventionelles Erdöl USA**
Quelle: BGR (nach Udall and Andrews, 1999)

Die Übertragung auf die Weltölförderung ist deshalb äußert problematisch, da die Förderung einzelner Ölquellen oft politisch beeinflusst wird. Bevor deshalb versucht wird, diese Fragestellung mittels statistischer Fakten zu erhellen, ist es außerordentlich wichtig, sich des tatsächlichen Gehalts dieser Daten gewahr zu werden.

In diesem Zusammenhang kommt der Quelle der Daten besondere Bedeutung zu, denn je nach Intention des Datenlieferanten sollen die Angaben eine Interpretation erwirken, die der eigenen Position förderlich ist. Darüber hinaus erschweren unscharfe Begriffsabgrenzungen die Sachlage weiter.

Statistisch gesehen die Ölreserven in den vergangen 20 Jahren gestiegen, obwohl die Förderung angestiegen ist und nicht in außergewöhnlich großem Ausmaß neue Vorkommen erschlossen worden sind. Es bleibt also festzuhalten, dass „tatsächlich nicht jeder statistisch erfassten Tonne zwangsläufig auch eine Tonne physischen Öls [entspricht]" (DIE ZEIT 20.04.2006 Nr.17). So resultieren die Reservenzuwächse überwiegend aus der

Höherbewertung bekannter Felder und nur zum geringeren Teil aus Neufunden, etwa im Kaspischen Raum, im Nahen Osten und in den offshore-Bereichen vor Brasilien und Westafrika sowie im Golf von Mexiko (BGR 2004). Angemerkt sei außerdem, dass die Opec-Förderquoten in Abhängigkeit von den Reserven festgelegt werden, was einen Anreiz darstellt, die Reservenangaben zu schönen. Die unbefriedigende Datenlage bemängelt auch C.J. Campbell, welcher u.a. anprangert, dass das, was berichtet wird, in sich nicht konsistent sei und die Industrie und einige Regierungen untertreibend von der Größe der Entdeckungen berichteten, andere Regierungen hingegen übertreibend; zudem sei die Mehrzahl der Aussagen über Reserven nicht auf den Beginn der Förderung rückdatiert (vgl. Campbell 2000). Die BGR (BGR 2004) geht davon aus, dass bis Ende 2004 weltweit seit Beginn der industriellen Erdölförderung insgesamt ca. 139 Gt Erdöl gewonnen wurden und somit bereits über 46 % der bisher nachgewiesenen Reserven an konventionellem Erdöl gefördert worden sind. Berücksichtigt man die noch erwarteten Ressourcen von ca. 82 Gt, sind über 36 % des erwarteten Gesamtpotenzials an konventionellem Erdöl bereits verbraucht. Deshalb, so die Prognose der BGR (vgl. Kehrer 2000), hat die Welt in den kommenden Jahrzehnten mit großer Wahrscheinlichkeit keinen Überfluss an Erdöl, das seinen Höhepunkt als Energieträger in der ersten Hälfte des 21. Jahrhunderts überschreiten wird und seine Führungsposition im Energiemarkt an andere primäre Energie-Rohstoffe und alternative, erneuerbare Energiequellen abgeben wird. Nach einem Zeitraum von etwa 10 bis 15 Jahren, d.h. um 2020, sei infolge des zu erwartenden Rückgangs der Erdölförderung nach Überschreiten der weltweit maximal möglichen Förderung (Peak Oil) mit einer Deckungslücke bei Erdöl zu rechnen, die durch andere Energieträger oder Erdölsubstitute ausgeglichen werden müsse. Die Annahmen der BGR bezüglich des weiteren Verlaufs der globalen Erdölförderung illustriert Abb. 9.

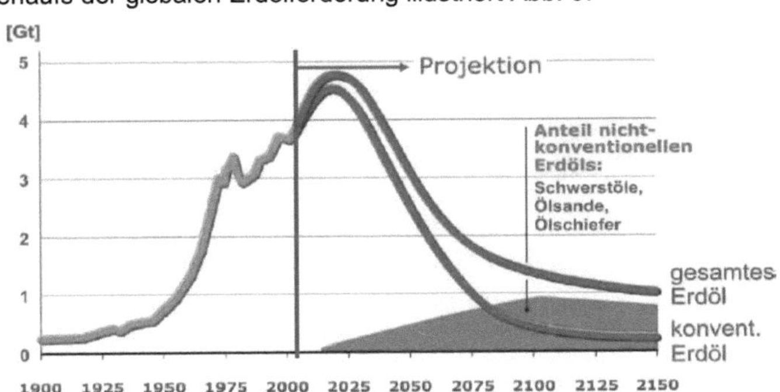

Abb. 9: Die weltweite Erdölförderung von 1900 bis 2050 – die historische Entwicklung und der Versuch eines Ausblicks

Quelle: BGR 2004

4. Ausblick

Die Nutzung von Kohlenwasserstoffen ist sowohl wegen ihrer begrenzten Verfügbarkeit als auch in ökologischer Hinsicht problematisch.

Zum einen ist in Hinblick auf die Umwelt bei der Nutzung von Erdöl und Erdgasen das bei der Verbrennung entstehende Kohlendioxid, dessen Bildung sich nicht unterdrücken lässt als größte negative Auswirkung zu nennen (Pflanzl, S. 537).

Zum anderen kann das in der vorliegenden Arbeit beschriebene Peak Oil dramatische Folgen haben, aber auch eine Chance darstellen. Eine mögliche Lösung dieser Krise liegt in erneuerbaren Energieträgern. Hierbei sind die Windenergie, die Sonnenergie, sowie die Geothermie zu nennen. Bezeichnend sind auch die Pläne der kanadischen Regierung einen zukünftigen Ausbau der Windenergienutzung zu unterstützen. Derartige Anreize erscheinen auch Ölproduzenten interessant. Die langjährig im Ölsandgeschäft tätige Firma Suncor beteiligt sich mittlerweile auch über ein „Joint Venture" gemeinsam mit einem spanischen Energiekonzern an einem derartigen Windparkprojekt (Oil and Gas Journal, 19. Oktober 2004) .

Weitere Potentiale bietet außerdem die Biomasse zur Wärme- und Treibstofferzeugung. Biogas, Biodiesel und Pflanzenöle oder Wasserstoff können in Zukunft Autos ohne Nutzung der Erölreserven antreiben. In Deutschland könnte außerdem der momentan im Untergang befindliche Kohlebergbau durchaus eine Renaissance erfahren. Die einzige derzeit bekannte echte Alternative vor allem wegen seiner hohen Effizienz und der CO_2-Neutralität stellt die Kernenergie dar. Ein Abschalten der Reaktoren, wie es die vorherige Bundesregierung zum Ziel gemacht hat, wird also bei gleichbleibendem oder gar steigendem Bedarf von Energie kaum durchsetzbar sein.

Vor allem ist aber ein Umdenken bei allem Menschen nötig. Schon jetzt fordern viele Sachverständige eine Energieeffizienzrevolution. Diese Maßnahmen müssen auf allen Ebenen ansetzen: Senkung des Wärmeverbrauchs in Gebäuden, etwa durch bessere Dämmung, weniger Spritverbrauch bei PKW, stromsparende Elektrogeräte und weitere Maßnahmen. Da man auf Erdöl und Erdölprodukte in der in der Düngemittelindustrie, bei Farben und Textilien sowie in der Arzneimittelherstellung kaum verzichten kann, ist also ein verantwortungsvoller Umgang mit diesen fossilen Ressourcen besonders von Nöten

Literaturverzeichnis

- Barsch, H. & Bürger, K. (1996): Naturressourcen der Erde und ihre Nutzung. Gotha (Justus Perthes).

- Blendinger, W. (2004): Fossile Energiereserven. Beitrag im Energiekrise Forum. Online verfügbar unter: www.energiekrise.de/news/forum/blendinger/blendinger_nco.html

- Bundesanstalt für Geowissenschaften und Rohstoffe (Hrsg.) (2004): Reserven, Ressourcen und Verfügbarkeit von Energierohstoffen 2004 – Kurzstudie. Hannover.

- Campbell, C. J. (2000): „Die Erschöpfung der Weltölreserven". Vortrag an der TU Clausthal.
  Online verfügbar unter: www.geologie.tu-clausthal.de/Campbell/vortrag.html

- Deutsche BP (2005): Dossier „Wann geht uns das Öl aus?". Interview mit Christof Rühl.
  Online verfügbar unter: www.deutschebp.de/genericarticle.do?categoryId=415& contentId= 7014311

- ERDÖL-/ENERGIE-INFORMATIONSDIENST Nr. 17/05 vom 25. April 2005, S. 6. Online verfügbar unter: www.esyoil.com/s11_Mit_AM_and_Puff_an _Kanadas_ Oelsande.php

- Erdöl-Vereinigung Schweiz (Hrsg.) (o.J.): Erdöl – Entstehung, Förderung und Verarbeitung. Broschüre.
  Online verfügbar unter: www.erdoel.ch/doc/601650416912032004.pdf

- Kehrer, Peter (2000): „Das Erdöl im 21. Jahrhundert - Mangel oder Überfluß?". Vortrag im Erdölmuseum Wietze am 10. März 2000. Online verfügbar unter: www.bgr.bund.de/cln_030/nn_461666/DE/Themen/Energie /Projekte /Erdoel/Projektbeitraege/Vortrag__Erdoelim21Jh.html

- Pflanzl, G. (1990): „Erdöl und Erdgas. Entstehung und Technologie von Suche und Gewinnung". In: Geographische Rundschau, Band 42, Heft 10, S. 530-537.

- Pohl, W. (1982): „Kohlenwasserstoffe". In: Petrascheck, W. & Pohl, W.: Lagerstätten-lehre. Eine Einführung in die Wissenschaft von den mineralischen Bodenschätzen. S. 287 – 331. Stuttgart (E. Schweizerbart'sche Verlagsbuchhandlung).

- Rößner, Frank (Universität Oldenburg): Lerneinheit zum Thema Rohöl.   Online verfügbar   unter: www.chemgapedia.de/vsengine/   printvlu/vsc/de/ch/10/erdoel /rohoel/rohoel.vlu.html

- Rühl, W. (1989): Energiefaktor Erdöl. In 250 Millionen Jahren entstanden – nach 250 Jahren verbraucht? Zürich/Osnabrück (Edition Interfrom).

- Schröder, P: (1989): Die wirtschaftliche Nutzung der Ölsandlagerstätten Kanadas. In: Geographische Rundschau, Band 41, Heft 1, S. 44-48.

- Vorholz, Fritz (2006): „Angst vor der zweiten Halbzeit". In: DIE ZEIT vom 20.04.2006, Nr. 17.

- Oil and Gas Journal, 19. Oktober 2004

- de.wikipedia.org/wiki/Ölressource (14.05.06)

- http://www.esyoil.com/s11_Mit_AM_and_Puff_an_Kanadas_Oelsande.php (14.05.2006)